KNACK MAL CODES

THORSTEN SCHREIBAUER

KNACK MAL CODES

FÜR ALLE GEHEIMNISKRÄMER, HEIMLICHTUER, PRIVATDETEKTIVE, CODEKNACKER UND RATEFÜCHSE

impian

Genehmigte Lizenzausgabe für Impian GmbH, Hamburg, 2019

Umschlaggestaltung: Nele Schütz Design, München
unter Verwendung von Shutterstock/bonezboyz
Druck: CPI books GmbH, Leck
Printed in Germany

ISBN 978-3-96269-057-1

www.impian.de

Anleitung:

Löse das erste Rätsel.
Der entschlüsselte Text hilft dir bei der Lösung des zweiten Rätsels, usw...
Oft werden nur Großbuchstaben verwendet.
Manchmal fehlen die Leerzeichen.
Löse alle Rätsel, um das geheime Passwort zu erhalten.

Legende:

- Schere nötig
- Klebstoff nötig
- WWW Internet hilfreich bzw. nötig
- Schau genau
- Notizen helfen
- Wer könnte sowas wissen?

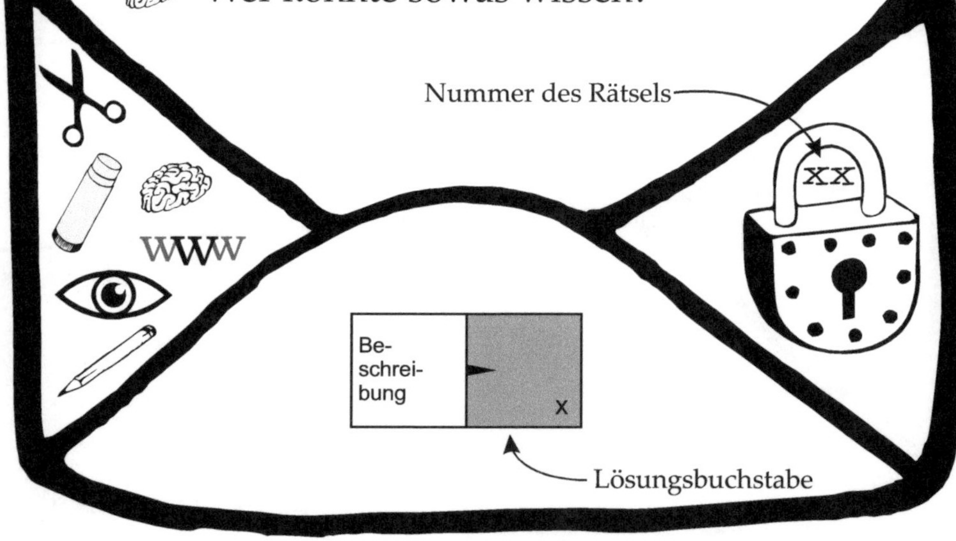

1N D13S3M 8UCH F1ND357 DU V13L3
V3R5CH13D3N3 G3H31M5PR4CH3N
UND C0D3S.
4UF D13S3R 53173 WURD3N M4NCH3
8UCH57483N DURCH Z4HL3N
3R537Z7, D13 ÄHNL1CH 4U553H3N.
J3D3 53173 H1LF7 D1R 831 D3R
3N75CHLÜ553LUNG D35 NÄCH573N
C0D35.
4UF D3R L37Z73N 53173 K4NN57 DU
D13 LÖSUNGS8UCH57483N
31N7R4G3N.
W3NN DU 4LL3 H457, 3RW4R737
D1CH 3IN3 Ü83RR4SCHUNG.
D4S NÄCH573 RÄ753L
5CH4FF57 DU 83S71MM7 N0CH
0HN3 H1NW315.

Dieser Buchstabe ersetzt die 7

17

11 - 12 - 5 - 2 - 5   4 - 9 - 5

19 - 20 - 18 - 5 - 9 - 6 - 5 - 14   26 - 21

5 - 9 - 14 - 5 - 13

12 - 1 - 14 - 7 - 5 - 14

2 - 1 - 14 - 4

26 - 21 - 19 - 1 - 13 - 13 - 5 - 14

21 - 14 - 4   23 - 9 - 3 - 11 -12 - 5

4 - 1 - 19   2 - 1 - 14 - 4

4 - 1 - 14 - 14

21 - 13   5 - 9 - 14 - 5

12 - 5 - 5 - 18 - 5

11 - 12 - 15 - 18 - 15 - 12 - 12 - 5.

13 - 1 - 14

14 - 5 - 14 - 14 - 20

4 - 1 - 19

5 - 9 - 14 - 5

19 - 11 - 25 - 20 - 1 - 12 - 5.

Buchstabe für 25	4

E	S	D	L	E
S		S	E	R
A		I	G	E
V		T	T	S
C	I	H	E	Ü
S	E		T	L
U	L		E	S
M	E		B	H
O	H	N		
I	S	H		
D	N	T		
A	E	R		A
1	2	3	4	

3. Wort, 2. Buchstabe	10

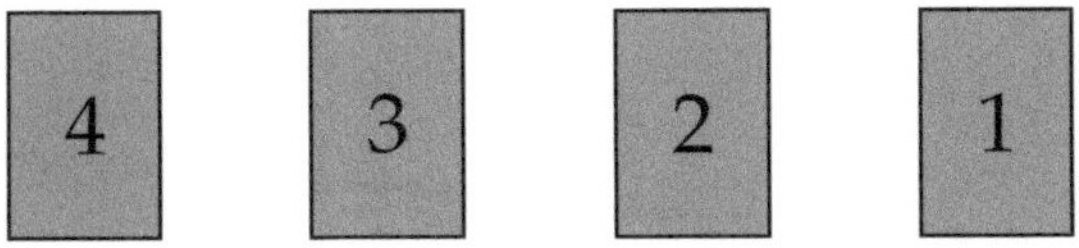
4
3
2
1

HXSMVRWV WRV

KVMGLNRMLH

ZFH FMW OVTV VRM

HVXSH NZO AVSM

TILHHVH IVXSGVXP

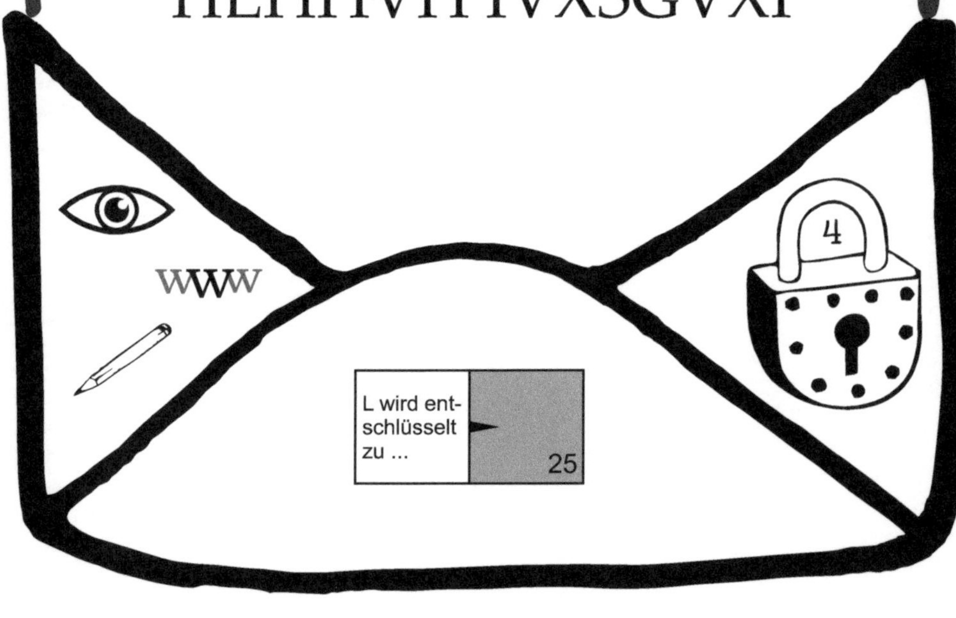

1. Wort,
4. Buch-
stabe
7
5

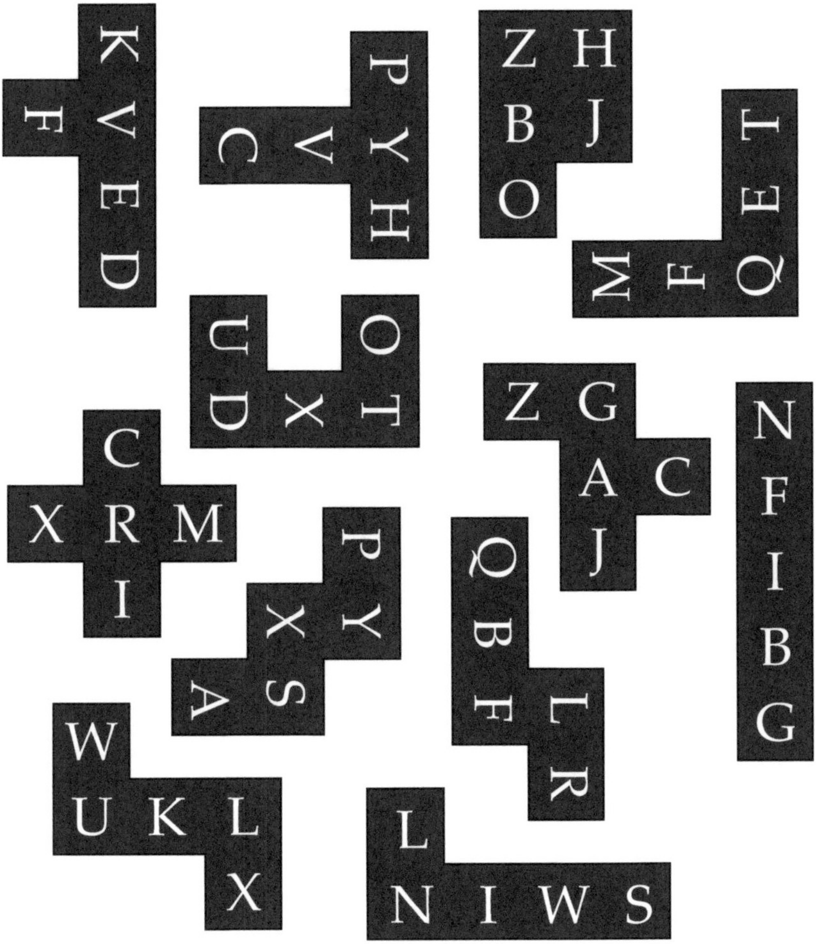

K V E D F
P Y H V C
Z H B J O
T E Q F M
U D X T O
Z G A C J
N F I B G
C X R M I
P Y X S A
Q B F L R
W U K L X
L N I W S

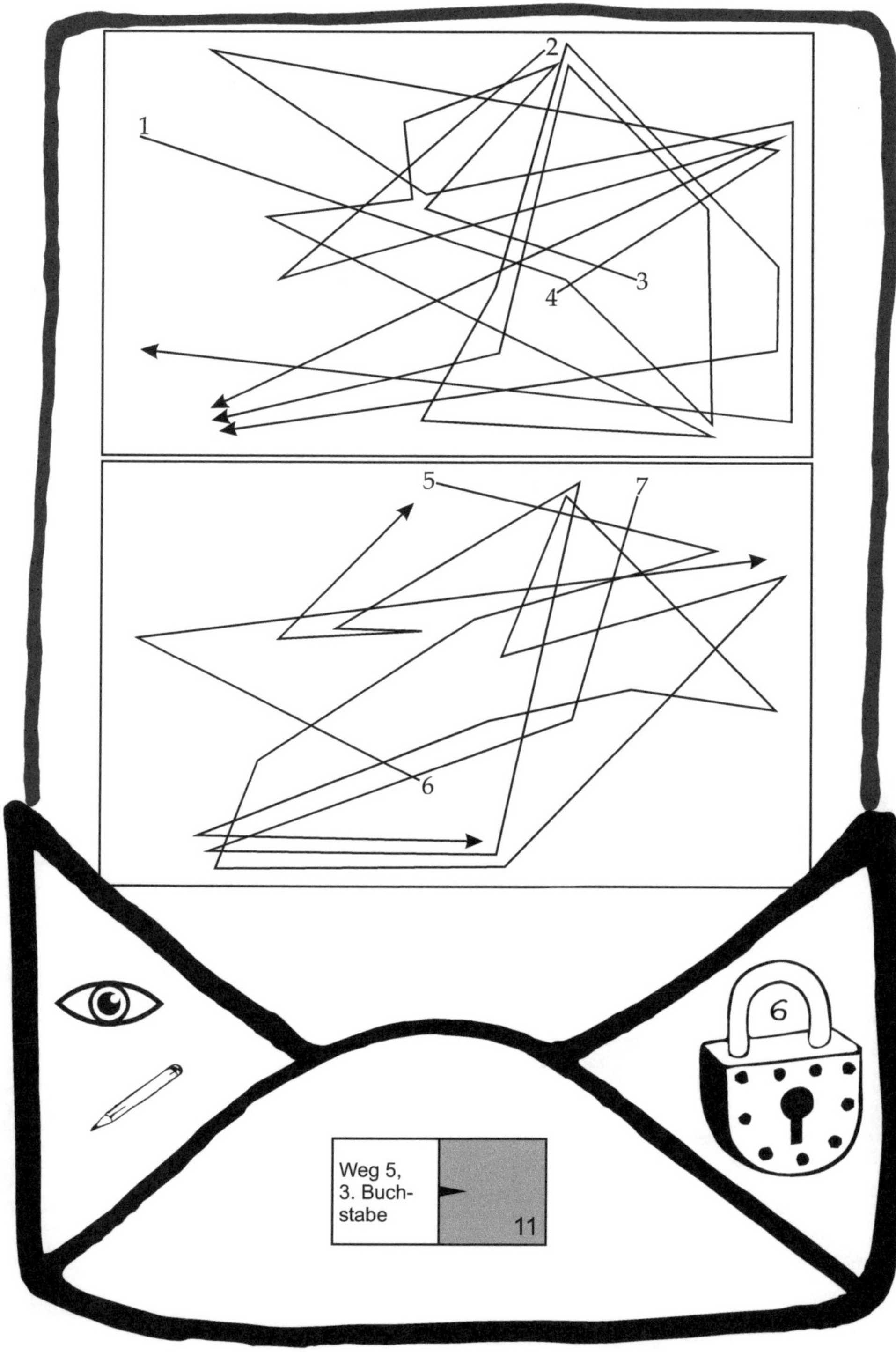
1
2
3
4
5
6
7
6
Weg 5,
3. Buch-
stabe
11

WLZZZPTPZALU

ZLOLU

HSSLZ

ULNHAPC

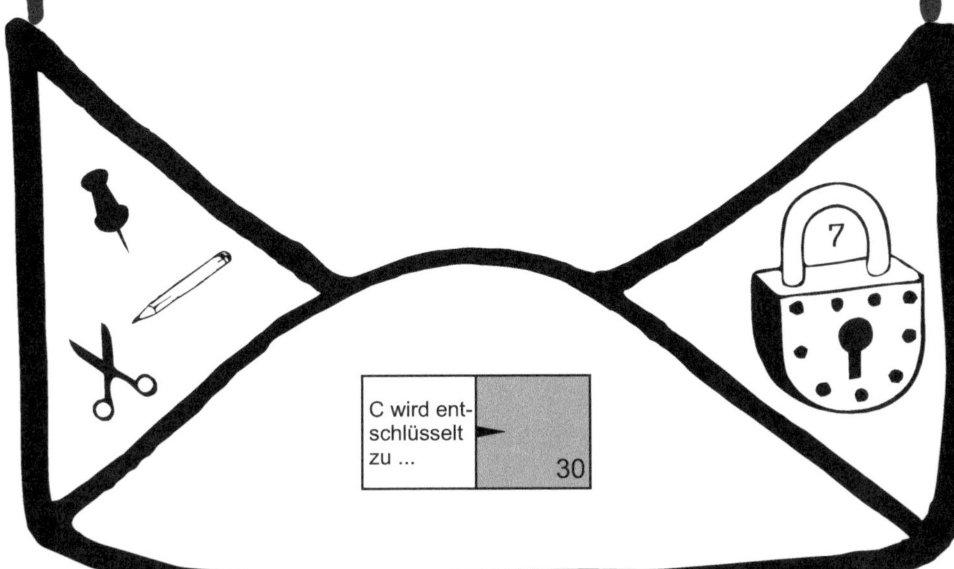

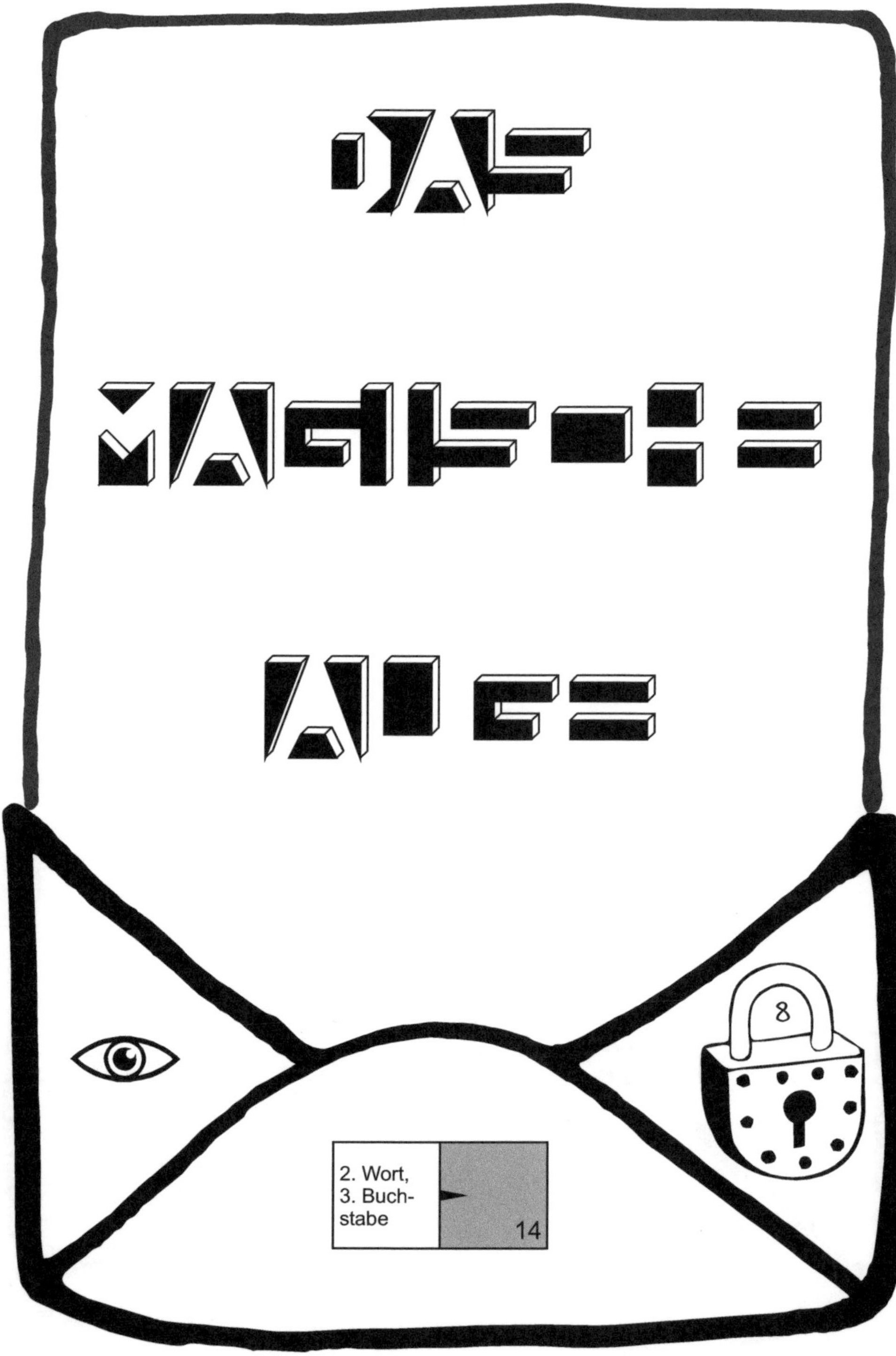
8
2. Wort,
3. Buchstabe
14

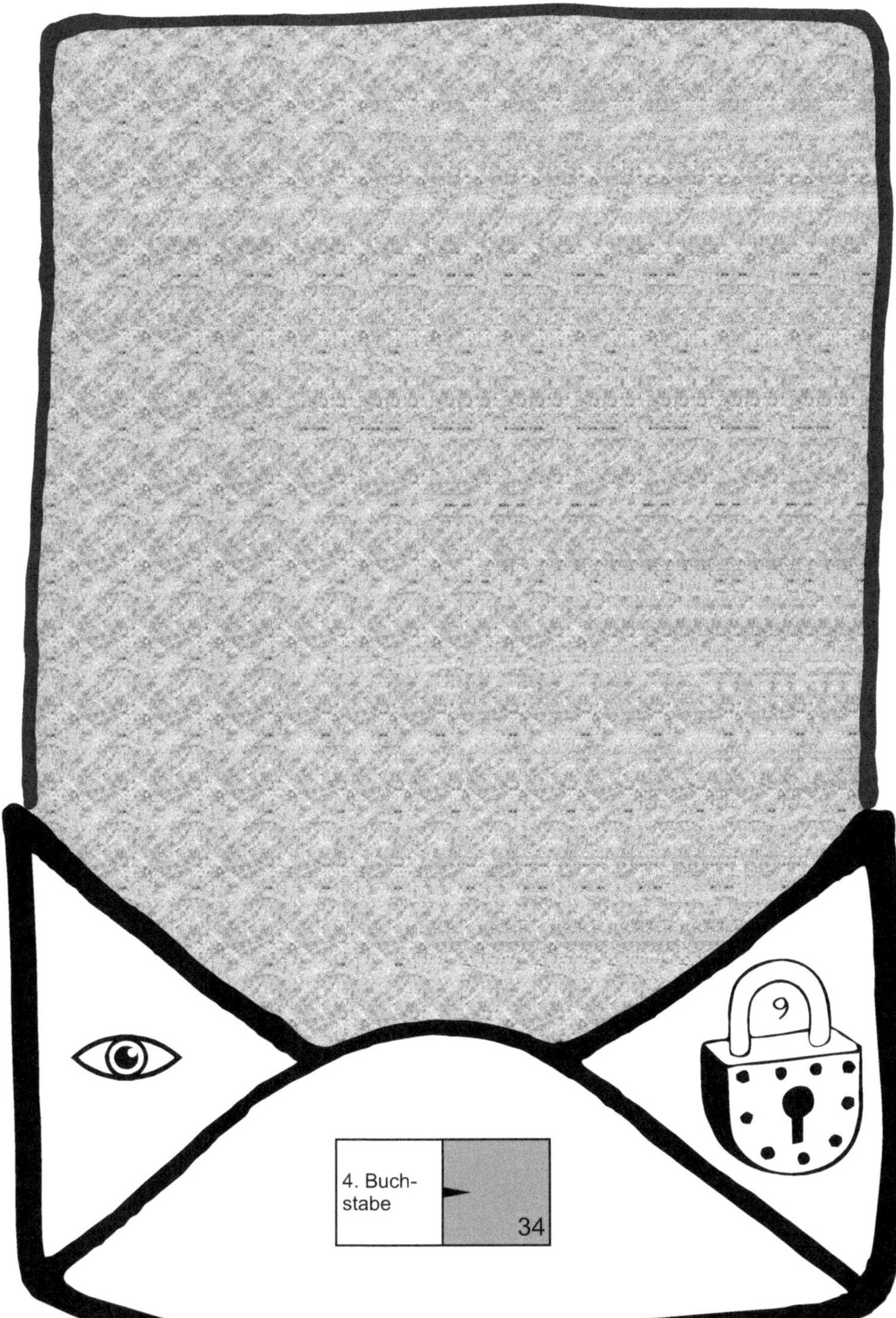
9
4. Buch-
stabe
34

Teldu hversu oft

hver bókstafur kemur

fyrir og berðu

saman við töfluna í

viðhengi L.

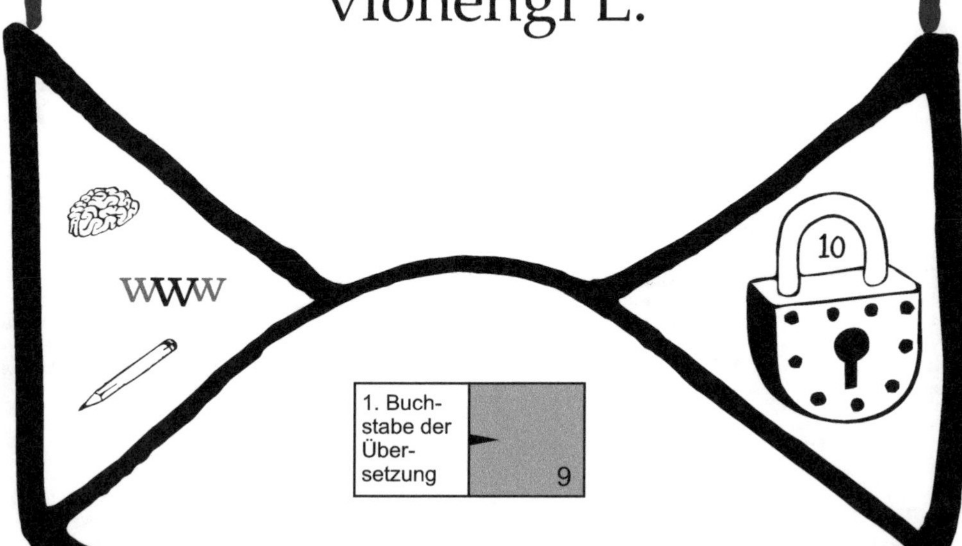

QBT WBN PLAJBVWBV
GBNXKEARBXXBARVJ
ZRNWBV
WTB QRKEXIFQBV WRNKE
BTVBX LWBN SBENBNB
OBTKEBV BNXBIOI.
WFSTI TXI BTV
FRXOFBEABV WBN
QRKEXIFQBV
VTKEI SLBJATKE.
PTVWB WBV
NTKEITJBV FVEFVJ.

S wird ent-schlüsselt zu ... 27

68 45 52 58 57 89 67 36 41

05 40 11 01 13

69 15 50 99 88 72 17 78 30 77 02 42 86

92 93 62 15 10 48 24 55 94 09.

29 33 38 53 49

08 00 65 83 04 81 47 32 78 29 50 72 77 66

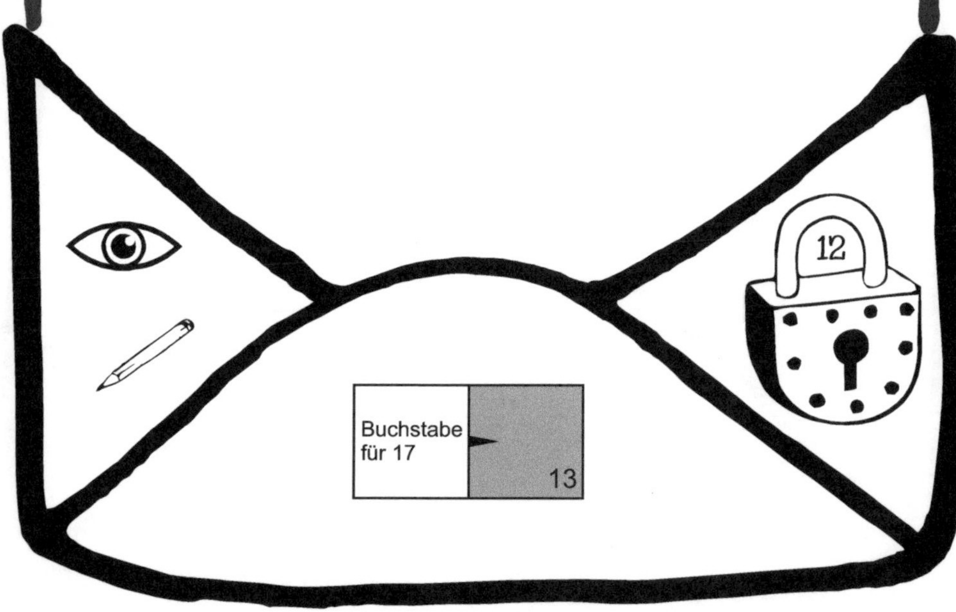

WDMML WMD

ISROV BISWCDGIMOO

ZYR RMXXOR

NYBGR EVPO

TERUXO

Tipp: 1⇔2 ; 2⇔3 ; 1⇔2 ; 2⇔3 ; ...

1. Wort, 4. Buchstabe	21

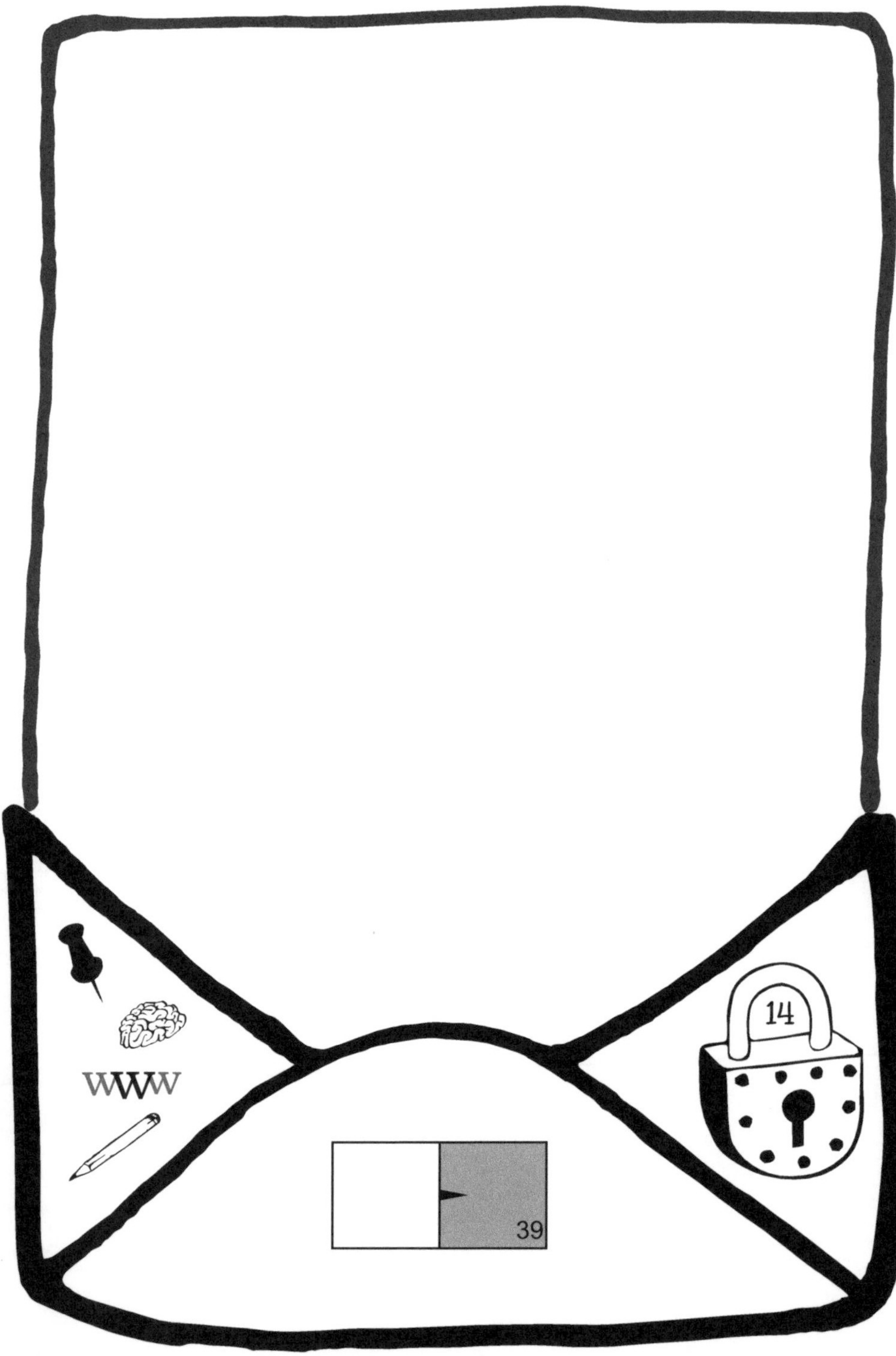
WWW
14
39

⠊⠑⠋⠀⠫⠫⠊⠺⠳
⠀⠀⠀⠀⠊⠳⠑⠊⠱
⠀⠀⠀⠱⠬⠈⠺⠊⠚
⠊⠳⠸⠈⠙⠀⠋⠫⠬
⠀⠀⠀⠫⠊⠋⠀⠫⠈
⠀⠀⠫⠊⠑⠫⠑⠸

⠫

E E I A

I N B

U R

E L W D

K N

4. Buchstabe unter 3

3

7 6 5

4 3 2 1

D I N N

N D E

E O N

S

T R

L U O

J Z E R

G I R C
A I S L
H G A T
W E T F
N L N I
A
16
2. Zeile,
3. Buch-
stabe
33

Positionsgenaue Orientierung

Langstadt. Yachten besitzen immer oefter spezielle Messinstrumente. Ein Tüftler hat ohne Draht eine Apparatur nachgebaut. Hierbei arrangierte Niemeyer geschickt Zahnräder.

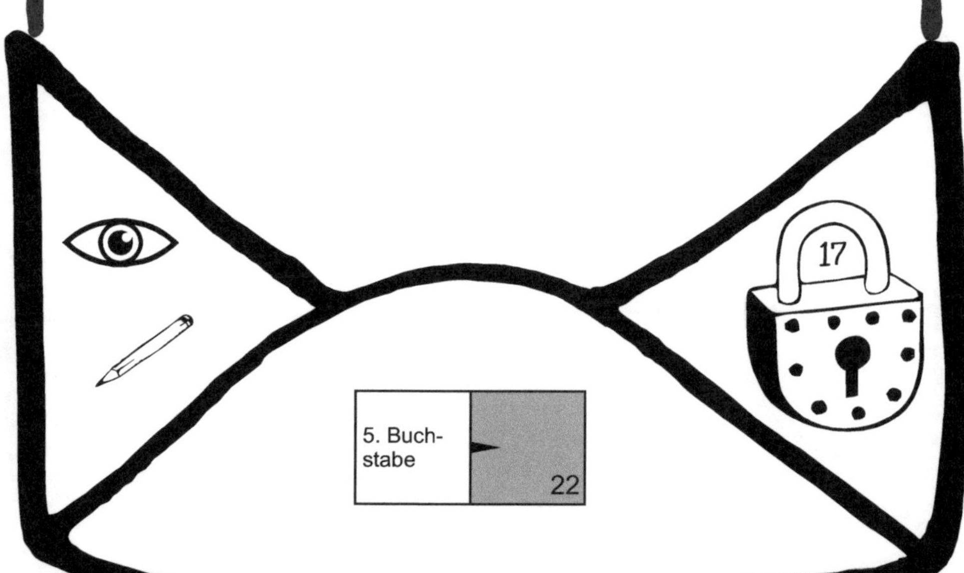

52-15-31-13-23-15

12-45-13-23-43-44-11-12-15-33

43-24-33-14   11-45-13-23

42-34-15-32-24-43-13-23-15

55-11-23-31-15-33 ?

11-14-14-24-15-42-15

11-31-31-15

52-15-42-44-15

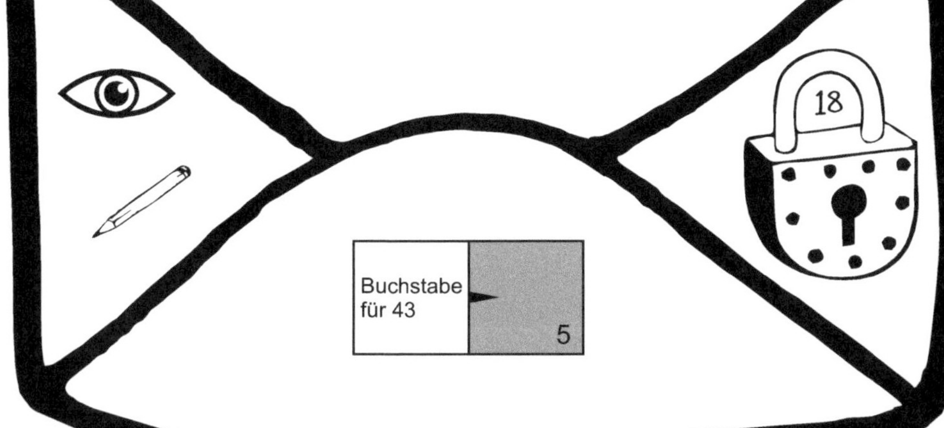

MIT MEINEM FON KONNTE ICH IMMER VOLL GUT SIMSEN.

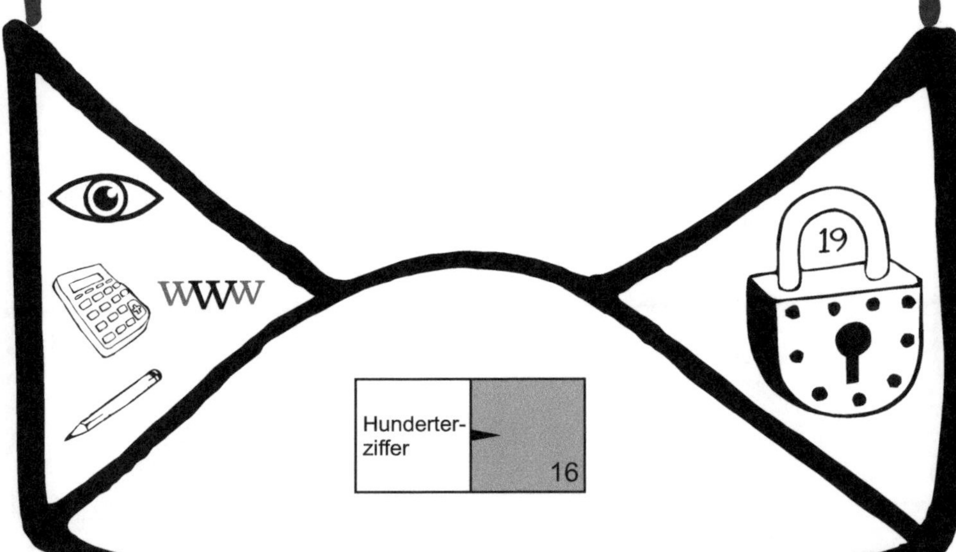

7777338999933

66222244

33366 7773343355566

88866666

22266666929997777

42633 666333 55544433333

886

334446633

43366337772844466666

3336667778

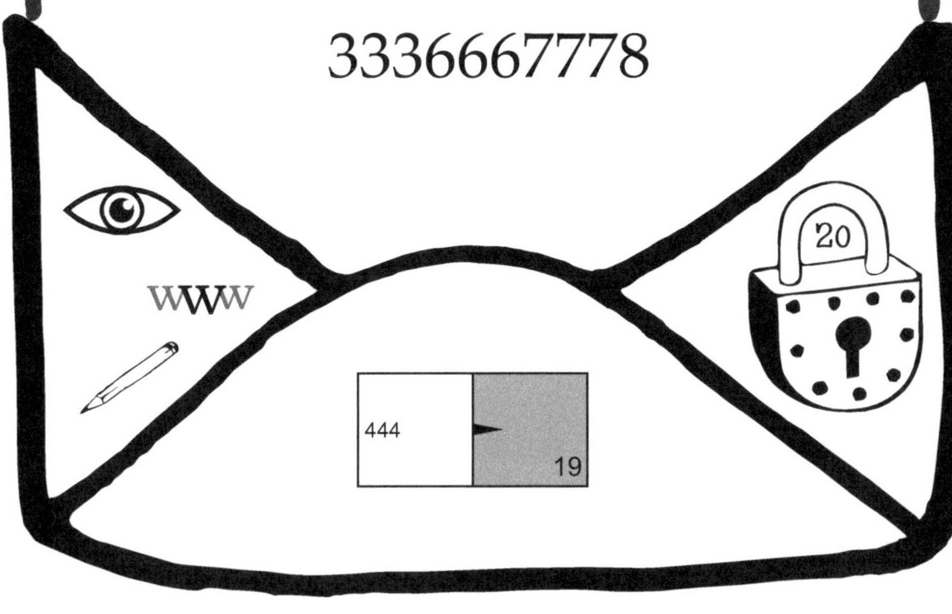

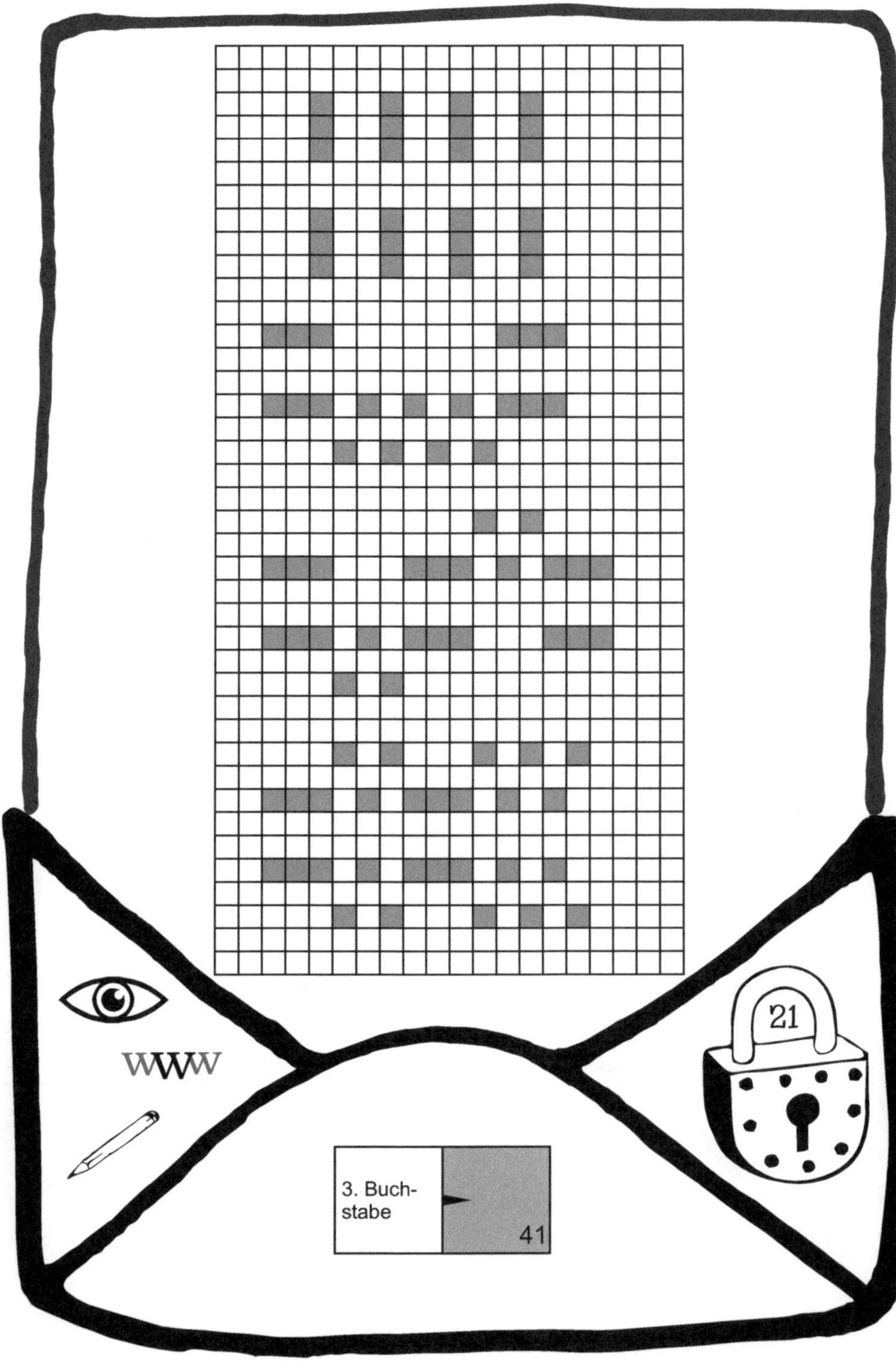
WWW
21
3. Buchstabe
41

Alt +...

69 73 78 75 79 78 83 79 78 65 78 84 69 78

90 69 73 67 72 69 78

142 71 89 80 84 73 83 67 72 69

72 73 69 82 79 71 76 89 80 72 69 78

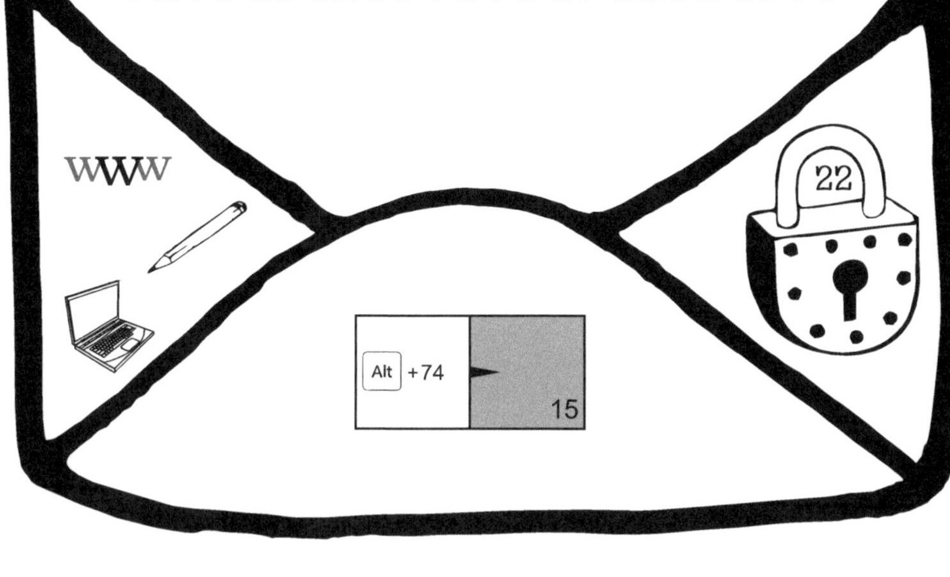

www
23
36

EID
GENUA
KREDIT
RUEBE
EID
AKTEN
HANTEL
24
2. Wort,
2. Buch-
stabe
18

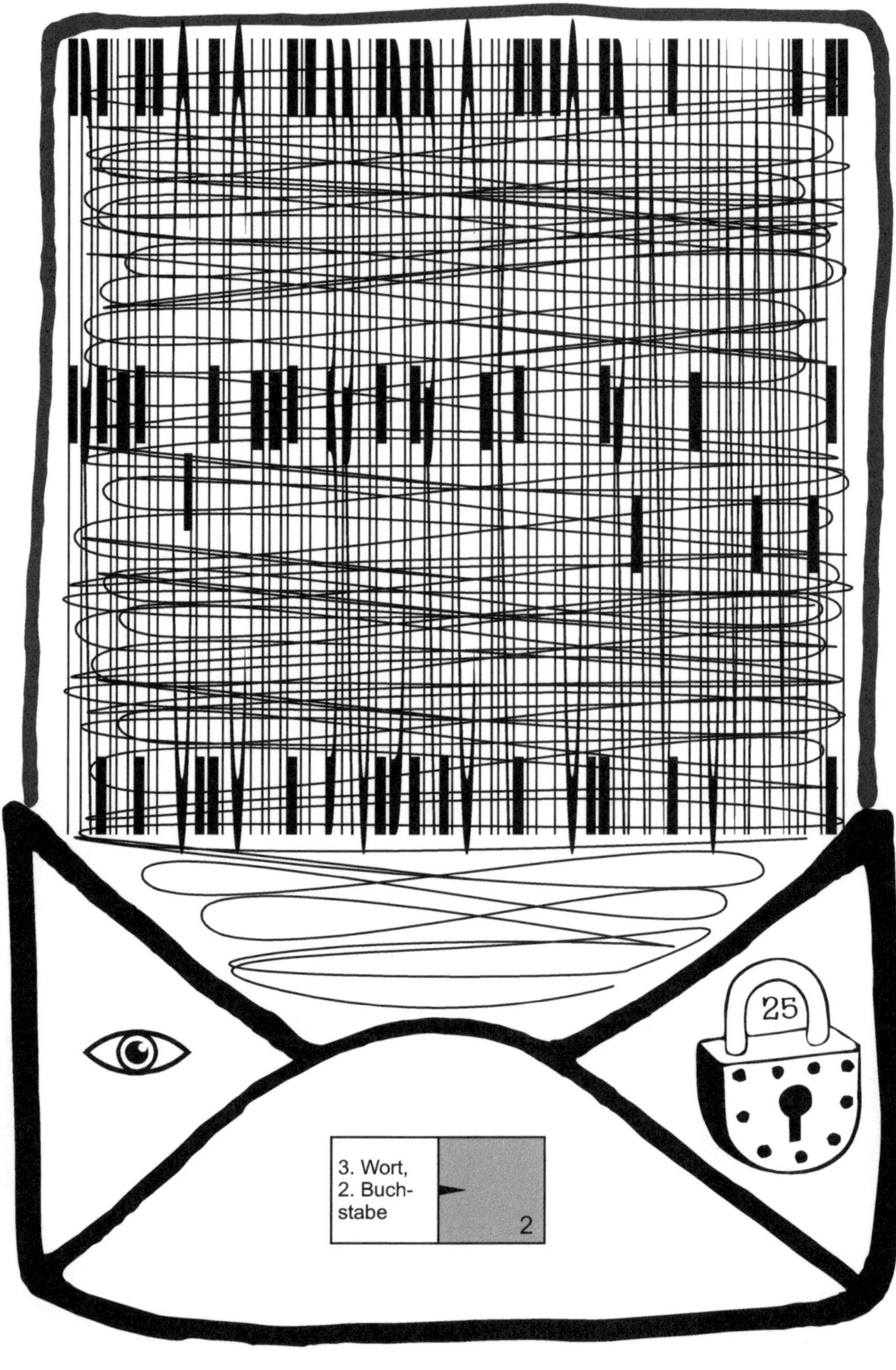
25
3. Wort,
2. Buchstabe
2

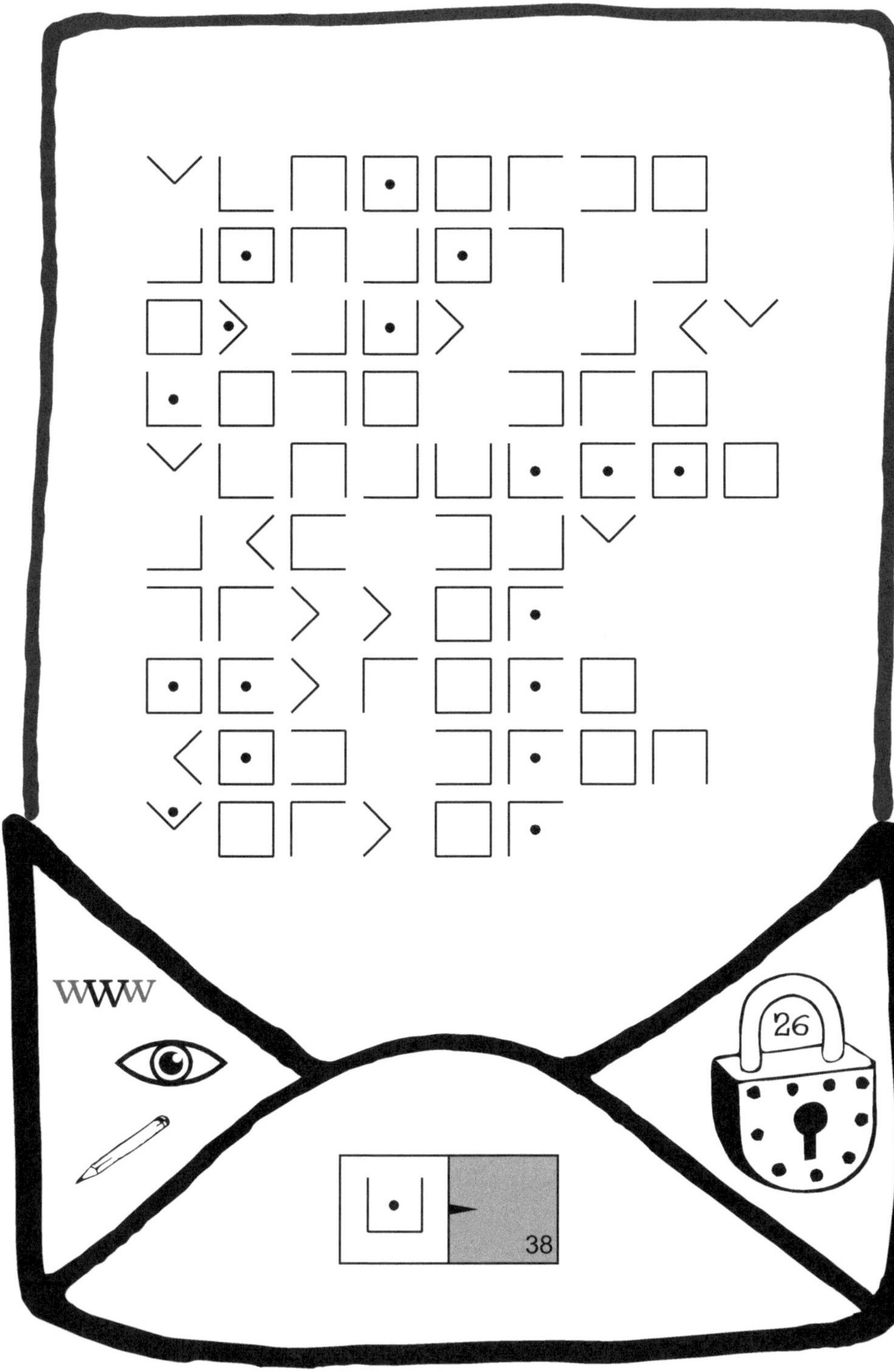
WWW
26
38

Z	CH	D	NE	R	T	M
N	EI	D	G	J	EL	A
I	M	K	L	S	E	B
A	T	E	F	E	O	IL
SS	S	R	K	P	U	C
O	U	W	D	N	C	NS
P	S	H	ER	H	I	F

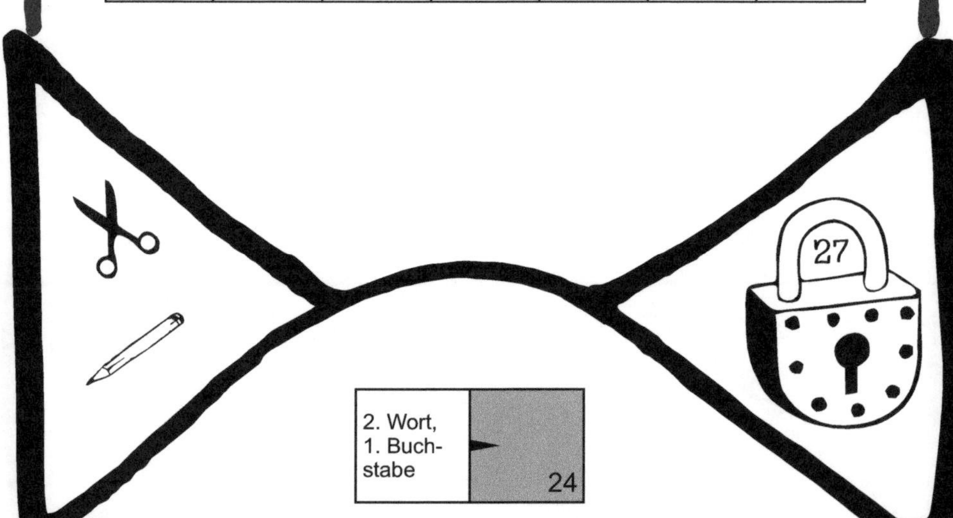

WWW
28
31

KIENDBDAEERSHIFI

OEEEEIEUIDCITGOE

PRISRLRFNUHCIEL

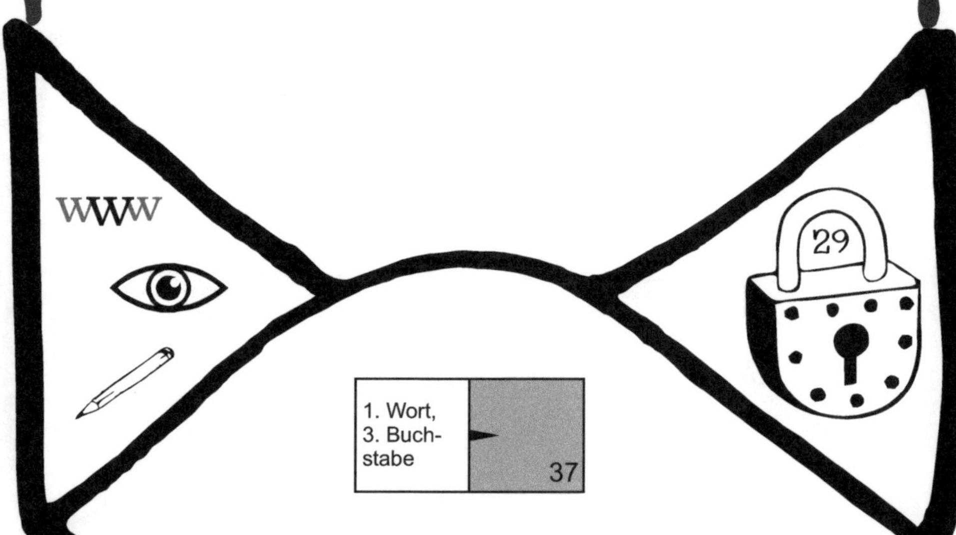

30
entdeckte
Zahl
29

EIN ABEND MIT

SIEBEN LOEWEN

ARTET SCHON

VOR DEM DUSCHEN

AUS

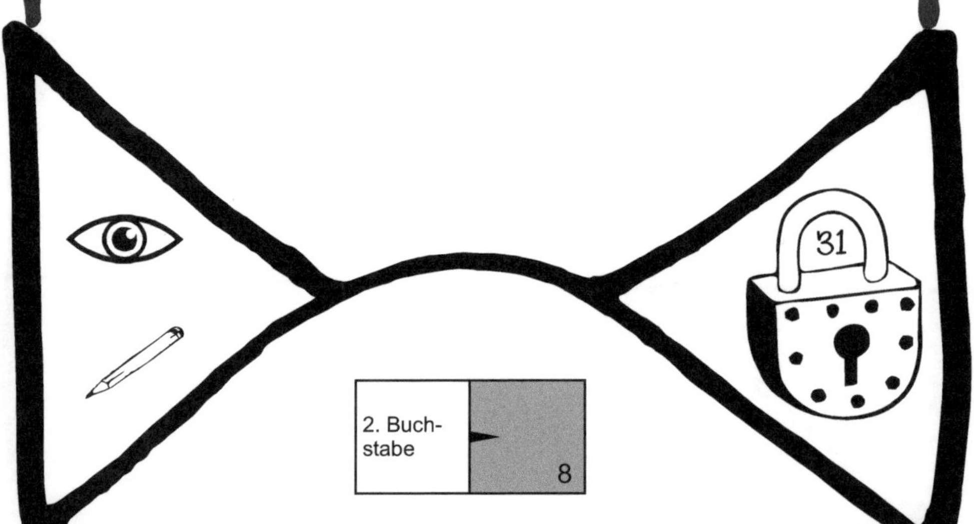

HMDXLZEAEAI

HOHXEEEDUAC

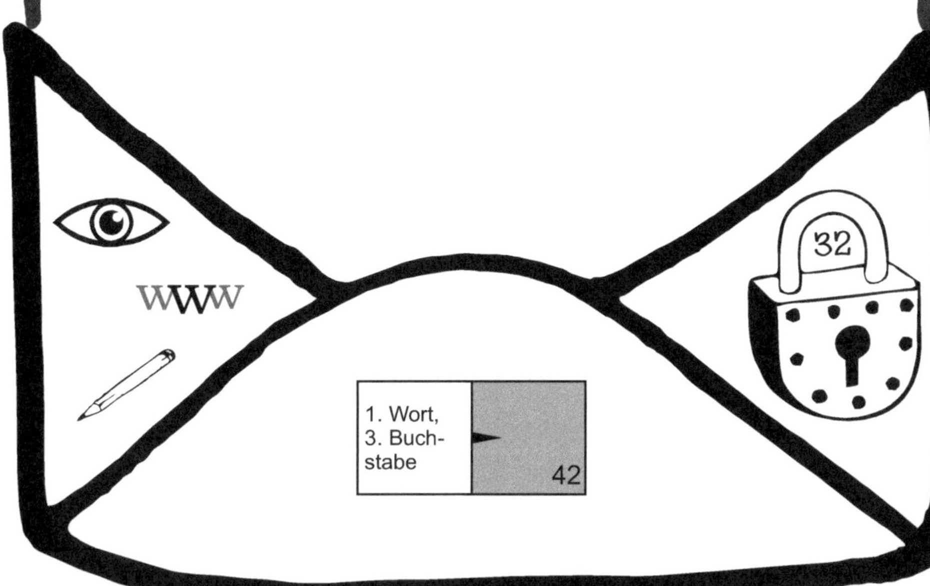

00FFFF	FF00FF	64FF00	FFFF00	FFFF00	0000FF	64FF00	FF0000
0000FF	FF0000	0000FF	FF0000	00FFFF	64FF00	FFFF00	0000FF
64FF00	FFFF00	00FFFF	FF00FF	FF00FF	FF0000	00FFFF	FF00FF

FF0000	64FF00	64FF00	FFFF00	FFFF00	0000FF	64FF00	FF0000	0000FF	00FFFF
FFFF00	FF00FF	0000FF	FF0000	00FFFF	64FF00	FFFF00	0000FF	FF00FF	FFFF00
0000FF	00FFFF	00FFFF	FF00FF	FF00FF	FF0000	00FFFF	FF00FF	FF0000	64FF00

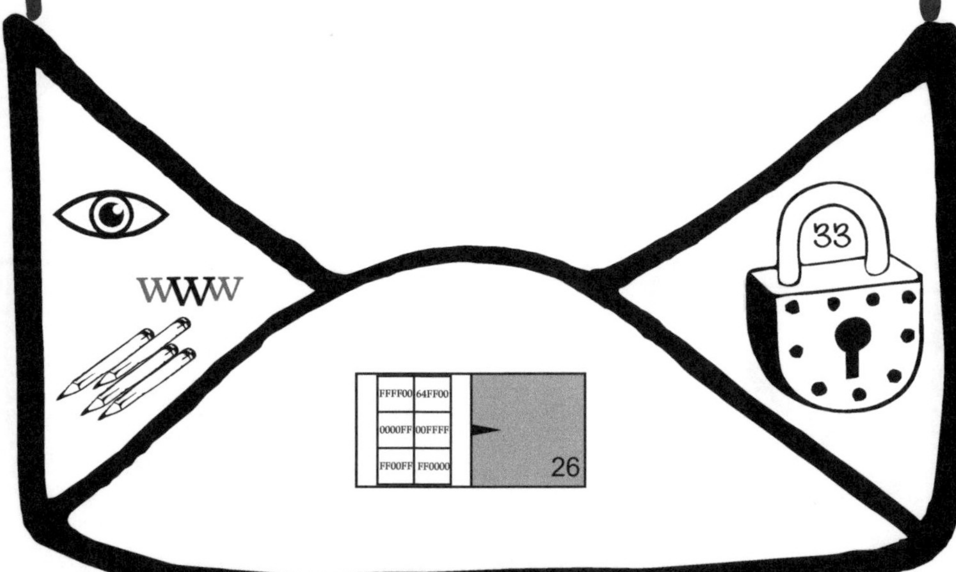

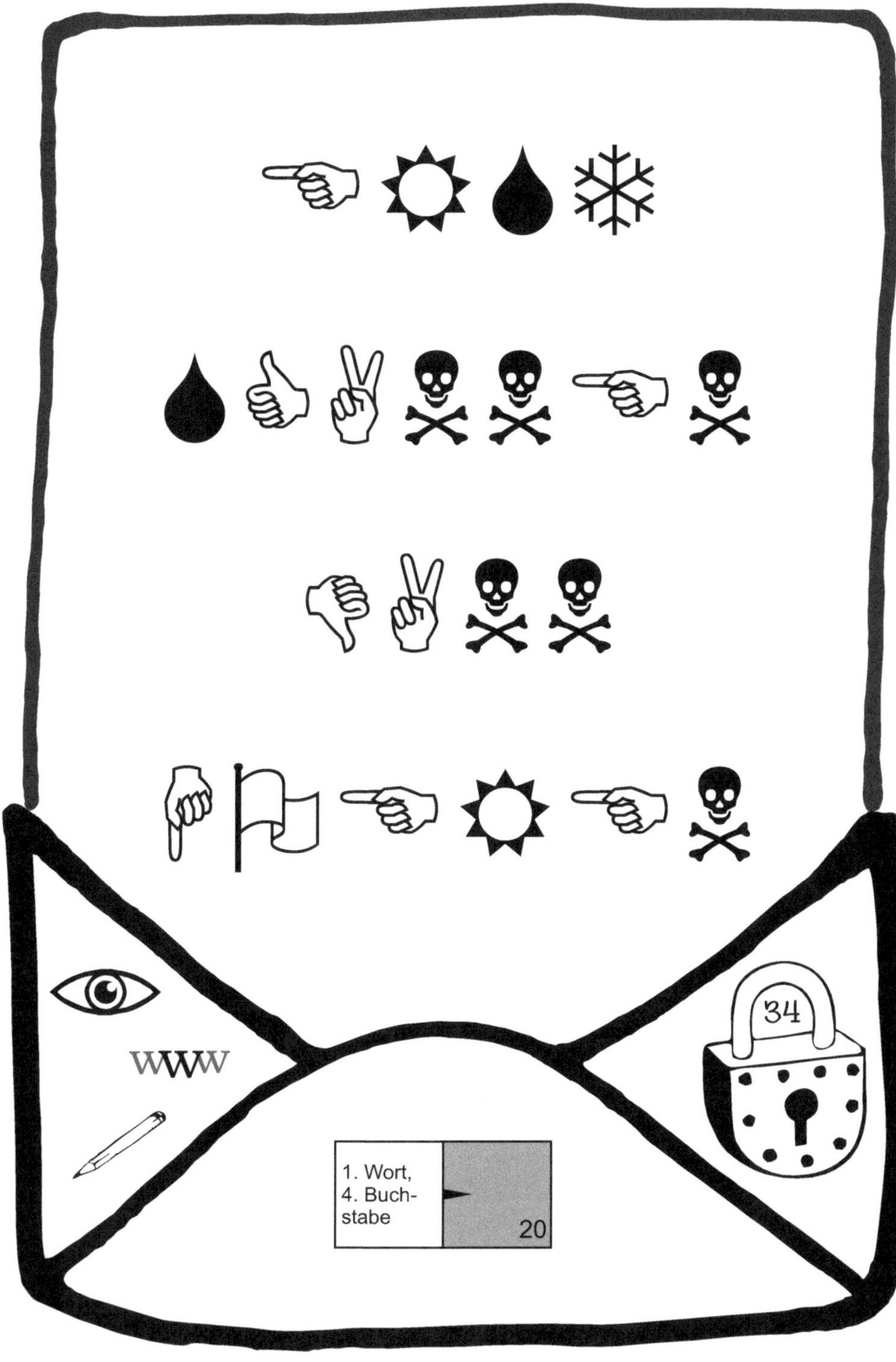
www
34
1. Wort,
4. Buch-
stabe
20

http://www.cryingfarmer.de/kmc/...
www
35
erster
hörbarer
Buchstabe
32

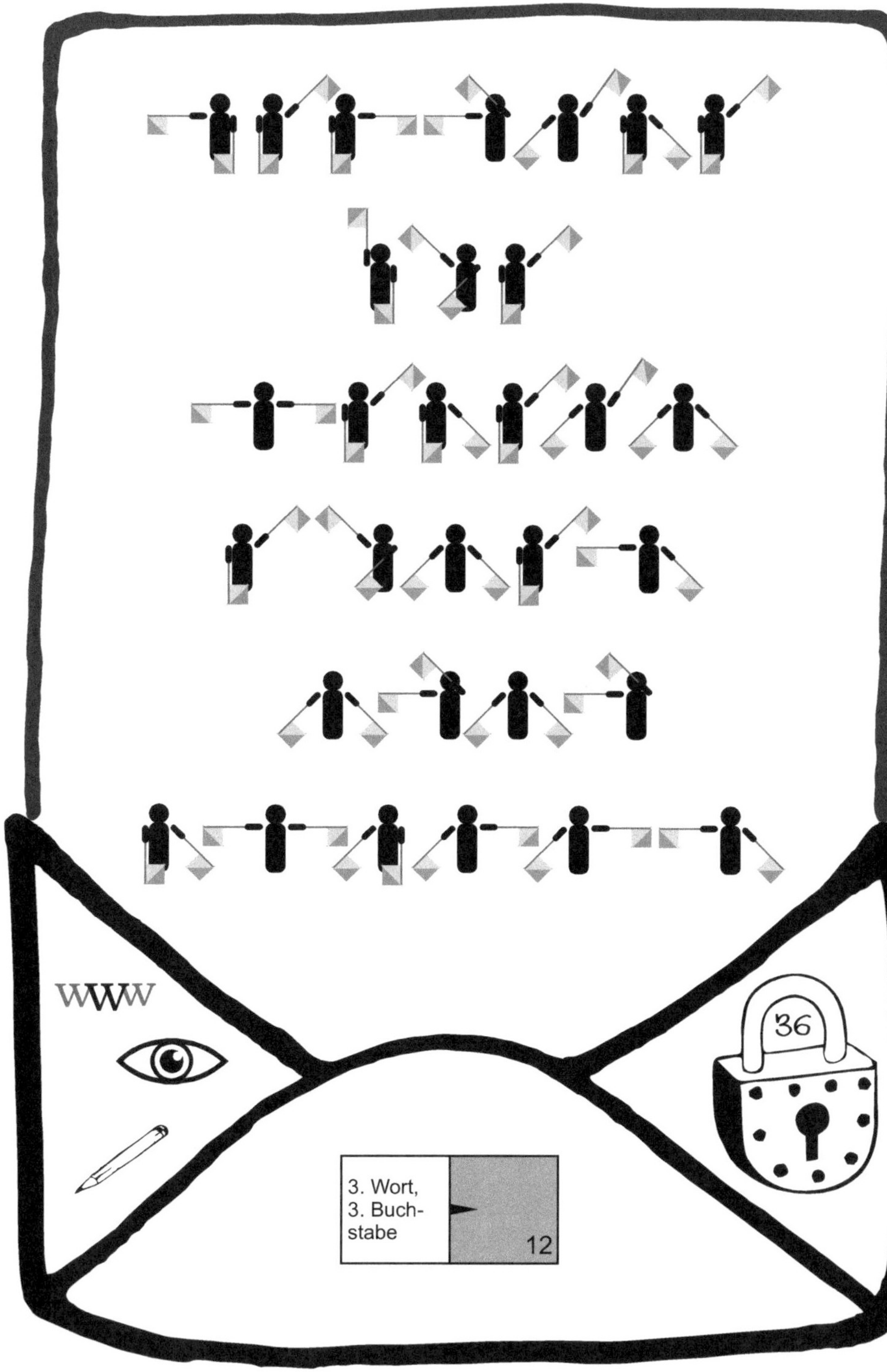
WWW
36
3. Wort,
3. Buch-
stabe
12

http://www.cryingfarmer.de/kmc/...

Spalten (von links nach rechts):

1. 7 1 2 7
2. 1 1 2 2 1 1
3. 1 3 1 1 3 1 3 1
4. 1 3 1 1 1 3 1
5. 1 3 1 1 1 1 3 1
6. 1 1 1 1 1
7. 7 1 1 1 7
8. 1 1
9. 2 5 1 1 1 3
10. 4 2 5 2
11. 1 1 5 1 1 2
12. 4 2 4
13. 2 2 1 1 1 1 1 1
14. 1 1 2 1 1 1
15. 7 1 1 1 2 1
16. 1 1 2 1 2
17. 1 3 1 3 3 3
18. 1 3 1 7 2
19. 1 3 1 2 1 1
20. 1 1 1 1 1 1
21. 7 8 1 1

Zeilen (von oben nach unten):

1. 7 5 7
2. 1 1 2 2 1 1
3. 1 3 1 3 1 3 1
4. 1 3 1 1 2 1 3 1
5. 1 3 1 1 1 1 1 3 1
6. 1 1 1 1 1 1
7. 7 1 1 1 7
8. 4
9. 3 2 9 2
10. 1 1 1 1 2 1 1
11. 1 1 1 1 1 2 1 1 1
12. 3 3 1 1 1 1
13. 2 1 2 1 1 1
14. 2 1 1 2 2
15. 7 1 4 3 1
16. 1 1 1 2 2 1
17. 1 3 1 4 1 1
18. 1 3 1 1 1 2
19. 1 3 1 3 1 2 3
20. 1 1 1 1 1 3
21. 7 1 2 1 1

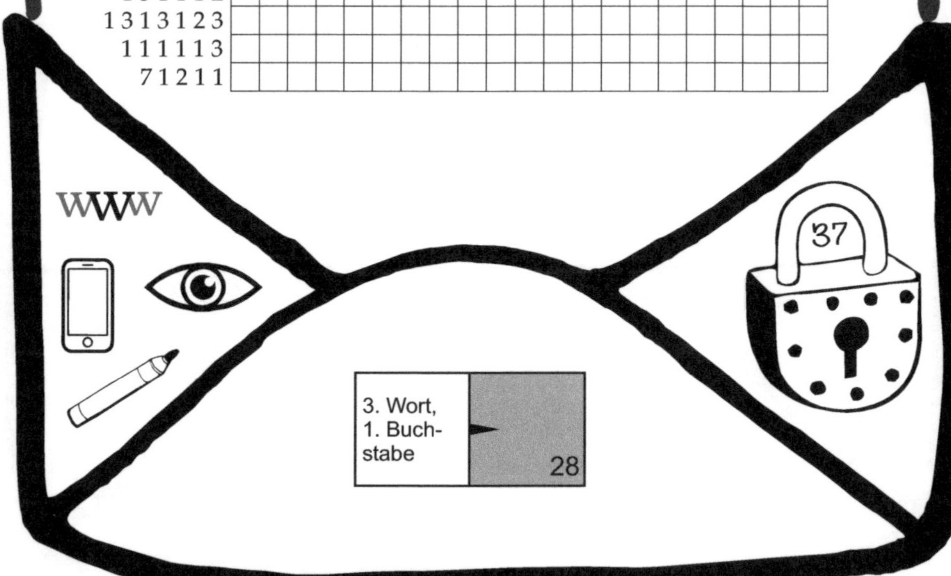

TTVIGRT

VIE VXM

DEABHOUDHBFRAUMB

NMH

IBUSCO G

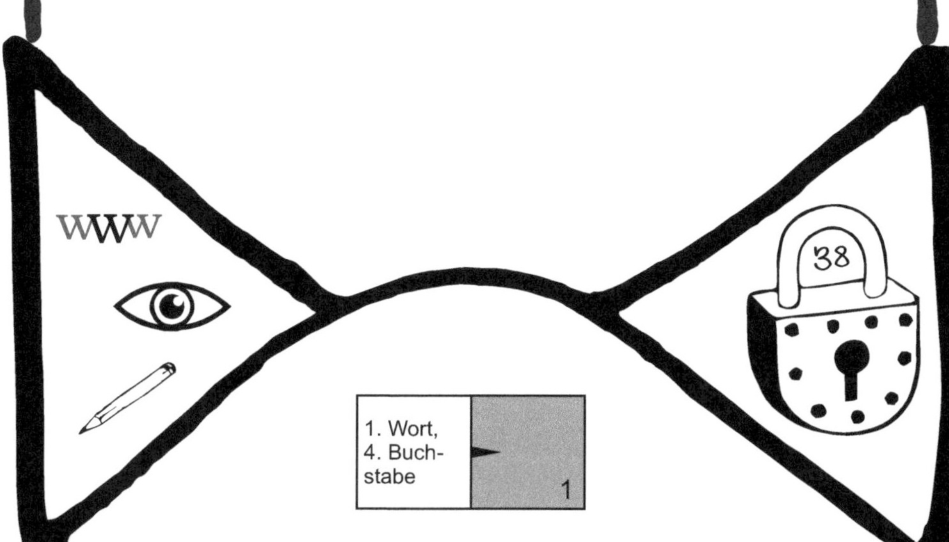

CARXFGIEGSKJZP

Klartext Geheimtext

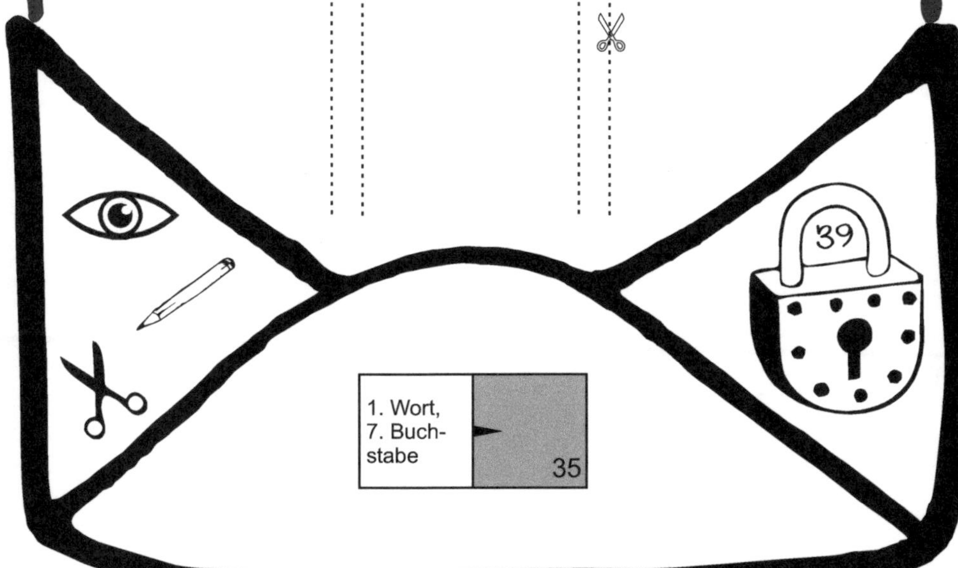

u us Vor un in ni ni m
ir pi l n
i t W lz n j m
u st n in Po tion w it r
m n ng n ll P il
in in r i
WWW
40
23

AHI
www
41
2. Buchstabe
40

N=55   e=3   d=27

Geheimtext: 3

Klartext: ???

Zehner-
ziffer

6

Anhang A

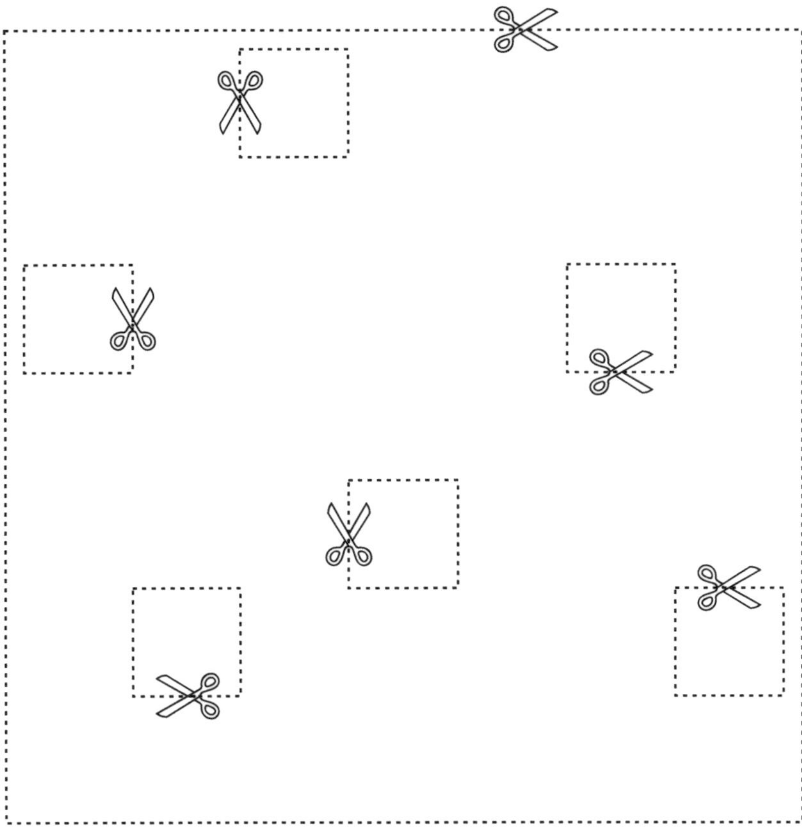

Anhang B

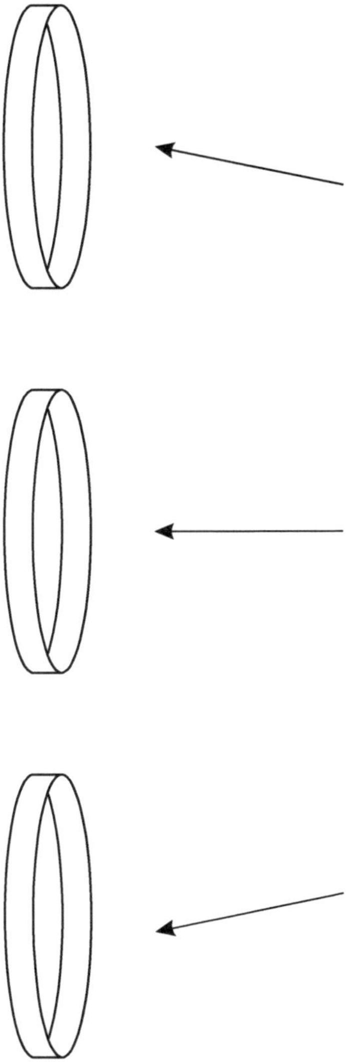

Klebeflächen

Rotor I		Rotor II		Rotor III	
A	E	A	A	A	B
B	K	B	J	B	D
C	M	C	D	C	F
D	F	D	K	D	H
E	L	E	S	E	J
F	G	F	I	F	L
G	D	G	R	G	C
H	Q	H	U	H	P
I	V	I	X	I	R
J	Z	J	B	J	T
K	N	K	L	K	X
L	T	L	H	L	V
M	O	M	W	M	Z
N	W	N	T	N	N
O	Y	O	M	O	Y
P	H	P	C	P	E
Q	X	Q	Q	Q	I
R	U	R	G	R	W
S	S	S	Z	S	G
T	P	T	N	T	A
U	A	U	P	U	K
V	I	V	Y	V	M
W	B	W	F	W	U
X	R	X	V	X	S
Y	C	Y	O	Y	Q
Z	J	Z	E	Z	O
A	E	A	A	A	B
B	K	B	J	B	D
C	M	C	D	C	F
D	F	D	K	D	H
E	L	E	S	E	J
F	G	F	I	F	L
G	D	G	R	G	C
H	Q	H	U	H	P
I	V	I	X	I	R
J	Z	J	B	J	T
K	N	K	L	K	X
L	T	L	H	L	V
M	O	M	W	M	Z
N	W	N	T	N	N
O	Y	O	M	O	Y
P	H	P	C	P	E
Q	X	Q	Q	Q	I
R	U	R	G	R	W
S	S	S	Z	S	G
T	P	T	N	T	A
U	A	U	P	U	K
V	I	V	Y	V	M
W	B	W	F	W	U
X	R	X	V	X	S
Y	C	Y	O	Y	Q
Z	J	Z	E	Z	O

Anhang C

	A	B	C	D	E	F	G	H	I	J	K	L	M	N	O	P	Q	R	S	T	U	V	W	X	Y	Z
A	A	B	C	D	E	F	G	H	I	J	K	L	M	N	O	P	Q	R	S	T	U	V	W	X	Y	Z
B	B	C	D	E	F	G	H	I	J	K	L	M	N	O	P	Q	R	S	T	U	V	W	X	Y	Z	A
C	C	D	E	F	G	H	I	J	K	L	M	N	O	P	Q	R	S	T	U	V	W	X	Y	Z	A	B
D	D	E	F	G	H	I	J	K	L	M	N	O	P	Q	R	S	T	U	V	W	X	Y	Z	A	B	C
E	E	F	G	H	I	J	K	L	M	N	O	P	Q	R	S	T	U	V	W	X	Y	Z	A	B	C	D
F	F	G	H	I	J	K	L	M	N	O	P	Q	R	S	T	U	V	W	X	Y	Z	A	B	C	D	E
G	G	H	I	J	K	L	M	N	O	P	Q	R	S	T	U	V	W	X	Y	Z	A	B	C	D	E	F
H	H	I	J	K	L	M	N	O	P	Q	R	S	T	U	V	W	X	Y	Z	A	B	C	D	E	F	G
I	I	J	K	L	M	N	O	P	Q	R	S	T	U	V	W	X	Y	Z	A	B	C	D	E	F	G	H
J	J	K	L	M	N	O	P	Q	R	S	T	U	V	W	X	Y	Z	A	B	C	D	E	F	G	H	I
K	K	L	M	N	O	P	Q	R	S	T	U	V	W	X	Y	Z	A	B	C	D	E	F	G	H	I	J
L	L	M	N	O	P	Q	R	S	T	U	V	W	X	Y	Z	A	B	C	D	E	F	G	H	I	J	K
M	M	N	O	P	Q	R	S	T	U	V	W	X	Y	Z	A	B	C	D	E	F	G	H	I	J	K	L
N	N	O	P	Q	R	S	T	U	V	W	X	Y	Z	A	B	C	D	E	F	G	H	I	J	K	L	M
O	O	P	Q	R	S	T	U	V	W	X	Y	Z	A	B	C	D	E	F	G	H	I	J	K	L	M	N
P	P	Q	R	S	T	U	V	W	X	Y	Z	A	B	C	D	E	F	G	H	I	J	K	L	M	N	O
Q	Q	R	S	T	U	V	W	X	Y	Z	A	B	C	D	E	F	G	H	I	J	K	L	M	N	O	P
R	R	S	T	U	V	W	X	Y	Z	A	B	C	D	E	F	G	H	I	J	K	L	M	N	O	P	Q
S	S	T	U	V	W	X	Y	Z	A	B	C	D	E	F	G	H	I	J	K	L	M	N	O	P	Q	R
T	T	U	V	W	X	Y	Z	A	B	C	D	E	F	G	H	I	J	K	L	M	N	O	P	Q	R	S
U	U	V	W	X	Y	Z	A	B	C	D	E	F	G	H	I	J	K	L	M	N	O	P	Q	R	S	T
V	V	W	X	Y	Z	A	B	C	D	E	F	G	H	I	J	K	L	M	N	O	P	Q	R	S	T	U
W	W	X	Y	Z	A	B	C	D	E	F	G	H	I	J	K	L	M	N	O	P	Q	R	S	T	U	V
X	X	Y	Z	A	B	C	D	E	F	G	H	I	J	K	L	M	N	O	P	Q	R	S	T	U	V	W
Y	Y	Z	A	B	C	D	E	F	G	H	I	J	K	L	M	N	O	P	Q	R	S	T	U	V	W	X
Z	Z	A	B	C	D	E	F	G	H	I	J	K	L	M	N	O	P	Q	R	S	T	U	V	W	X	Y

Anhang E

A	B	C	D	E	F	G	H	I	J	K	L	M	N	O	P	Q	R	S	T	U	V	W	X	Y	Z
88	42	60	87	32	76	94	21	57	20	29	38	65	01	82	09	18	27	90	53	07	43	52	61	70	79
97	51	69	96	41	85	03	30	66			47	74	10	91			36	99	62	16					
06		78	05	50		12	39	75			56	83	19	00			45	08	71	25					
15			14	59			48	84				92	28				54	17	80	34					
24			23	68				93					37				63	26	89						
33				77				02					46				72	35	98						
				86				11					55				81	44							
				95									64												
				04									73												
				13																					
				22																					
				31																					
				40																					
				49																					
				58																					
				67																					

Anhang F

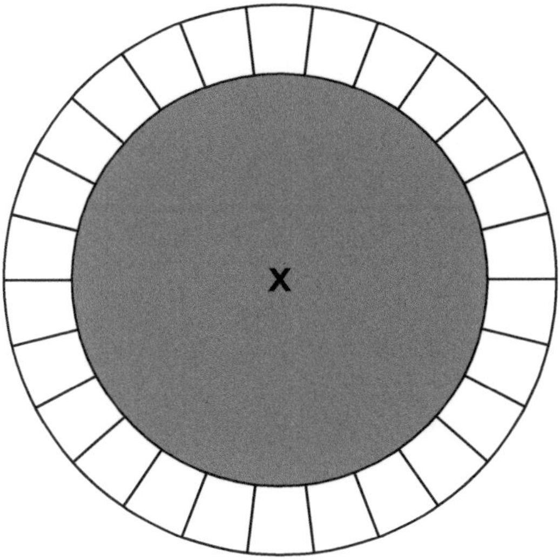

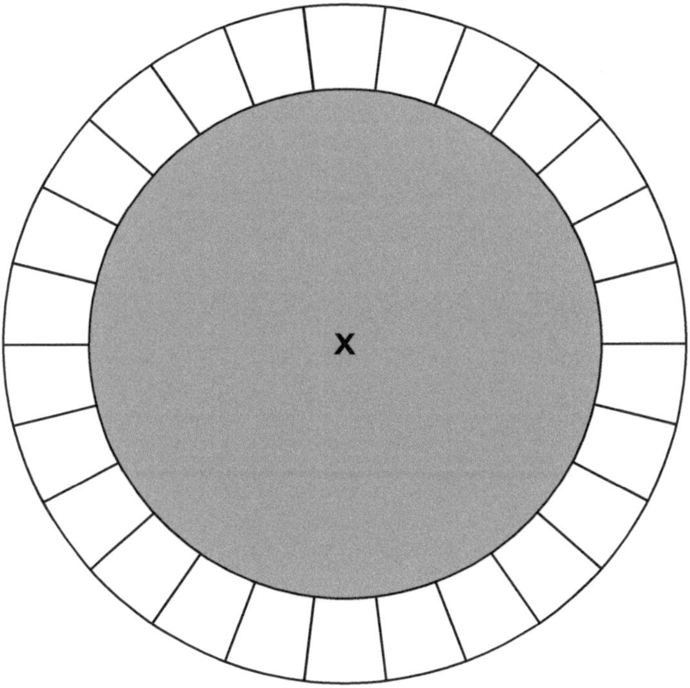

Anhang G

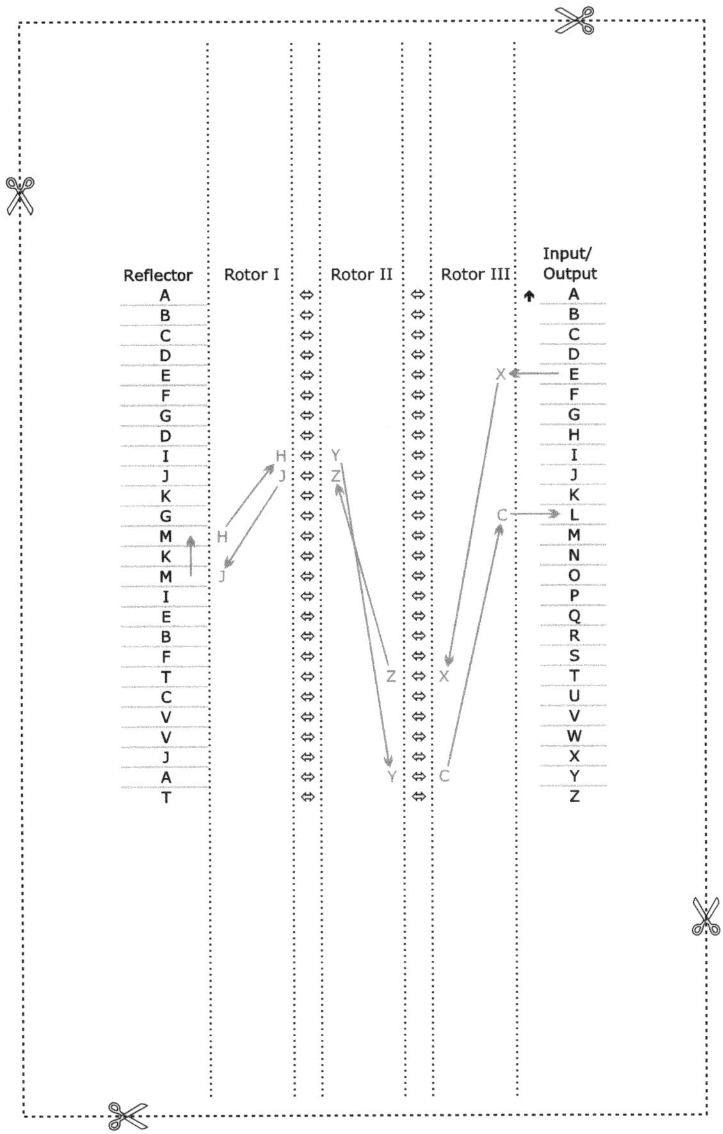
Reflector
A B C D E F G D I J K G M K M I E B F T C V V J A T
Rotor I
H
J
H
J
Rotor II
Y
Z
Z
Y
Rotor III
X
C
X
C
Input/
Output
A B C D E F G H I J K L M N O P Q R S T U V W X Y Z

Diese

Seite

auf

eine

leere

Klorolle

kleben!

Anhang L

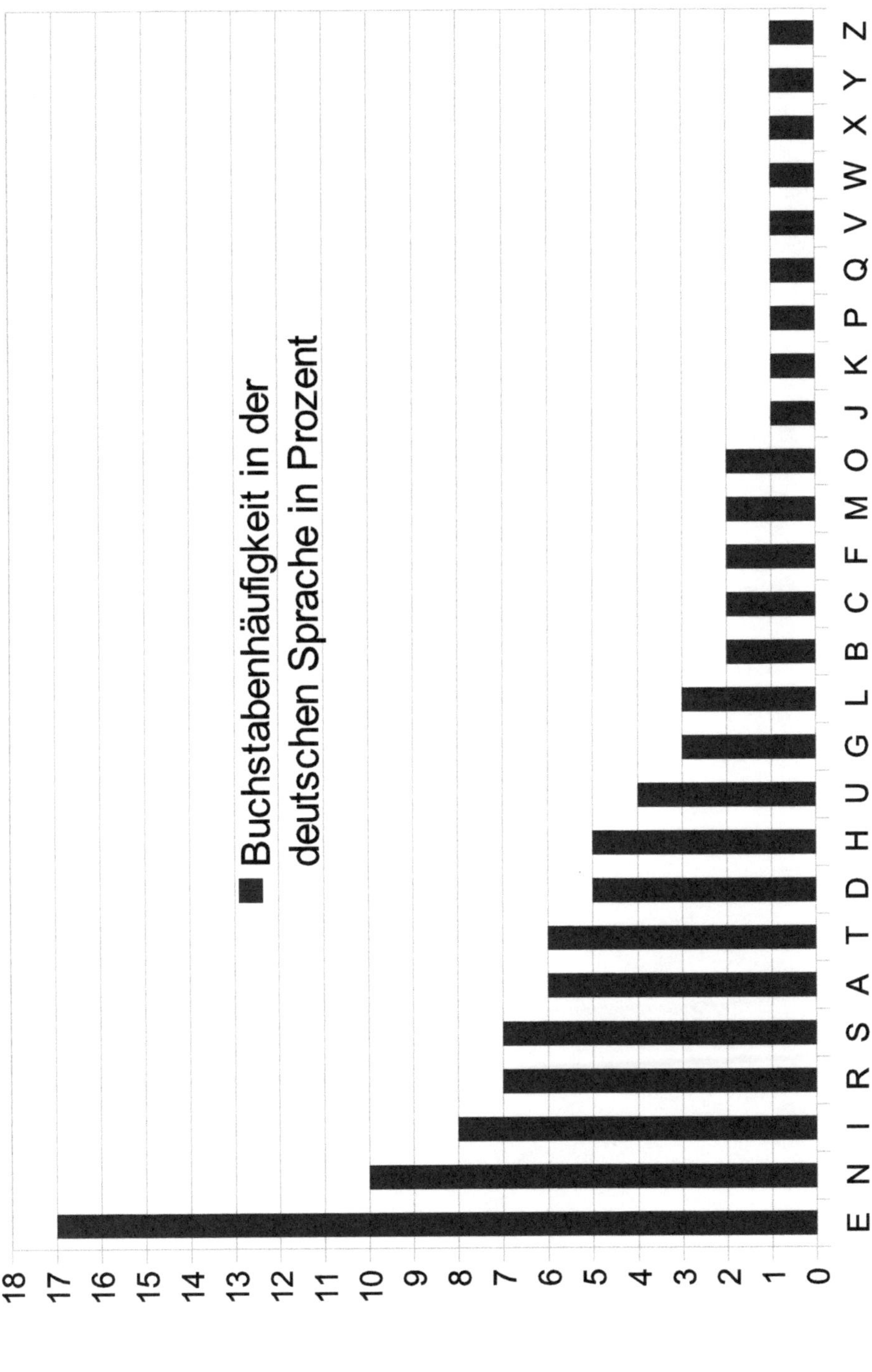
Buchstabenhäufigkeit in der deutschen Sprache in Prozent
E N I R S A T D H U G L B C F M O J K P Q V W X Y Z
0 1 2 3 4 5 6 7 8 9 10 11 12 13 14 15 16 17 18

Anhang P

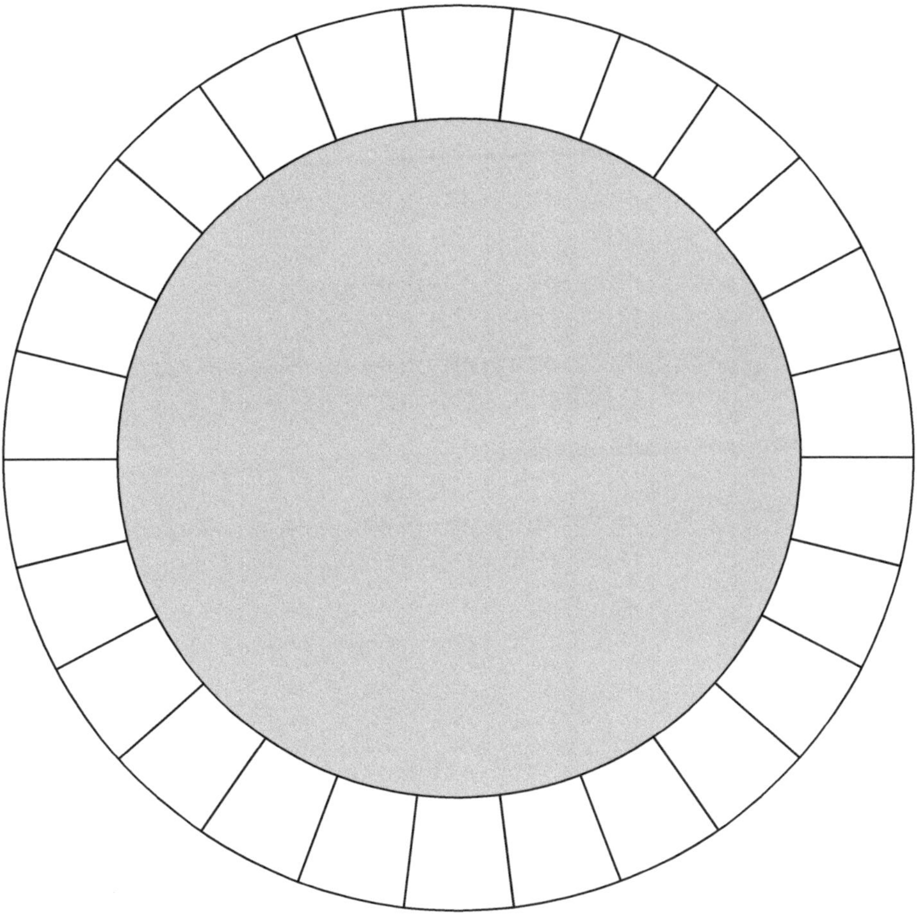

Anhang S

02	YGSKCJETRMUWNHQXIZFAOVBLDPYGSKCJETRMUWNHQXIZFAOVBLDP
03	BERHJYKWCSLNPDZIGFUAOXVQTMBERHJYKWCSLNPDZIGFUAOXVQTM
04	JLSGAOPZEMBVQCUIYDTHXRWFKNJLSGAOPZEMBVQCUIYDTHXRWFKN
05	IPWSURJTOQGEVDBMYKLNHAXZFCIPWSURJTOQGEVDBMYKLNHAXZFC
07	YGHKDVLQEXUOASZWPJFBCNRITMYGHKDVLQEXUOASZWPJFBCNRITM
09	XTHNIBAFEUQSGLJDWOZKMPVCYRXTHNIBAFEUQSGLJDWOZKMPVCYR
11	NHTEPCFDXRYZBAIMSGVJKUOQWLNHTEPCFDXRYZBAIMSGVJKUOQWL
13	SAHIKWDQJNPVUTZCBYLOGFMREXSAHIKWDQJNPVUTZCBYLOGFMREX
15	GPCWQOSVZKINJHERUABDTMXLFYGPCWQOSVZKINJHERUABDTMXLFY
17	EFTXLBCAWHUJGVOMYRSNKDQIZPEFTXLBCAWHUJGVOMYRSNKDQIZP
19	YAGDUTFIXMBWLOJQVNERHKSZPCYAGDUTFIXMBWLOJQVNERHKSZPC
21	INESDOMTPBQGHYFUZCRVWLKJXAINESDOMTPBQGHYFUZCRVWLKJXA
23	ITLFAXYCMOPVGZHURDBWNSJQKEITLFAXYCMOPVGZHURDBWNSJQKE
27	NEBZCRMKDPATGLSOWHFIJQVUYXNEBZCRMKDPATGLSOWHFIJQVUYX
29	KDOTRBZWIAUYPLNHEGFQSJMCXVKDOTRBZWIAUYPLNHEGFQSJMCXV
31	MVELIBQAFGJNPCKWXUSTZRDYHOMVELIBQAFGJNPCKWXUSTZRDYHO
37	ITOPAJWHEDZKMCVUXBYQSNLRGFITOPAJWHEDZKMCVUXBYQSNLRGF
39	HZACTFNPIXMQRDUBYKVJOGWLESHZACTFNPIXMQRDUBYKVJOGWLES
41	NSWZTGXHKVBPCORLYQEAIJDFUMNSWZTGXHKVBPCORLYQEAIJDFUM
43	XYISKJVQMTRCAUNGZEOHFWLBDPXYISKJVQMTRCAUNGZEOHFWLBDP

Anhang Z

	1	2	3	4	5
1	A	B	C	D	E
2	F	G	H	I/J	K
3	L	M	N	O	P
4	Q	R	S	T	U
5	V	W	X	Y	Z

Hier kannst du die entschüsselten Lösungsbuchstaben eintragen.

1	2	3	4	5	6	7	8	9	10	11	12	13	14	15	16	17	18	19	20	21

⚠ NUR GROSSBUCHSTABEN

22	23	24	25	26	27	28	29	30	31	32	33	34	35	36	37	38	39	40	41	42

Mit dem Lösungswort kannst du den passwortgeschützten Bereich auf http://www.cryingfarmer.de betreten.

Dort kannst du dir deine Codeknacker-Urkunde abholen.